神奇的动物朋友们

恐龙出现啦

李硕 编著

浙江摄影出版社

全国百佳图书出版单位

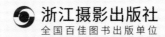

"嗷呜！"

听，这是什么声音？

2

4

恐龙出现啦！
　　瞧，这是爱吃草的板龙，它的身体有
一辆公共汽车那么大！

5

树林里走来了一头凶猛的霸王龙。
它张开巨大的嘴巴，发出震耳欲聋的咆哮声。
其他动物都吓得瑟瑟发抖！

不一会儿，霸王龙就找到了美味的食物。

8

看，它正用锋利的牙齿咬着新鲜的猎物，吃得津津有味！

不远处，一头长相
奇特的三角龙出现了。
　　它的身材像大象，
有坚硬的头盾和三个尖
尖的角。

三角龙是草食动物。它正低着头，吃着鲜嫩的青草。

肿头龙那厚厚的头骨，看起来就像隆起的山丘。

身材矮小的伶盗龙，
喜欢成群结队地打猎。

它们有着强有力的后腿，能够在林间敏捷地跳跃！

这是富有爱心的慈母龙。

瞧，慈母龙们正在照顾恐龙小宝宝，给它们喂食。

看！这体形巨大的家伙是梁龙。

它的脖子粗又长，就像吊车一样，可以够到高处的树叶。

别小瞧梁龙的尾巴，它可是守护身体的武器。
危险来临时，梁龙会甩动强有力的尾巴，吓退敌人！

23

陆地上出现了一头腕龙。

腕龙有着小小的脑袋、长长的脖子。

你发现了吗？它的前肢比后肢粗壮很多！

这些远古时期的爬行动物，曾经在地球上存在数千万年。
可是，它们又突然从地球上消失了。
小朋友，你能解开这个未解之谜吗？

责任编辑　瞿昌林
责任校对　高余朵
责任印制　汪立峰

项目策划　北视国
装帧设计　太阳雨工作室

图书在版编目（CIP）数据

恐龙出现啦 / 李硕编著 . -- 杭州：浙江摄影出版
社，2022.6
　（神奇的动物朋友们）
　ISBN 978-7-5514-3915-2

　Ⅰ．①恐… Ⅱ．①李… Ⅲ．①动物－少儿读物
Ⅳ．① Q95-49

中国版本图书馆 CIP 数据核字 (2022) 第 069024 号

KONGLONG CHUXIAN LA

恐龙出现啦

（神奇的动物朋友们）

李硕　编著

全国百佳图书出版单位
浙江摄影出版社出版发行
　　　地址：杭州市体育场路 347 号
　　　邮编：310006
　　　电话：0571-85151082
　　　网址：www. photo. zjcb. com
制版：北京市大观音堂鑫鑫国际图书音像有限公司
印刷：三河市天润建兴印务有限公司
开本：787mm×1092mm　1/12
印张：2.67
2022 年 6 月第 1 版　　2022 年 6 月第 1 次印刷
ISBN 978-7-5514-3915-2
定价：49.80 元